COSAS ASQUEROSAS

ANIMALES ASQUEROSOS

Un libro de Las Ramas de Crabtree

Julie K. Lundgren
Traducción de Santiago Ochoa

Crabtree Publishing
crabtreebooks.com

Apoyos de la escuela a los hogares para cuidadores y maestros

Este libro de gran interés está diseñado con temas atractivos para motivar a los estudiantes, a la vez que fomenta la fluidez, el vocabulario y el interés por la lectura. Las siguientes son algunas preguntas y actividades que ayudarán al lector a desarrollar sus habilidades de comprensión.

Antes de leer:

- *¿De qué creo que trata este libro?*
- *¿Qué sé sobre este tema?*
- *¿Qué quiero aprender sobre este tema?*
- *¿Por qué estoy leyendo este libro?*

Durante la lectura:

- *Me pregunto por qué...*
- *Tengo curiosidad por saber...*
- *¿En qué se parece esto a algo que ya conozco?*
- *¿Qué he aprendido hasta ahora?*

Después de la lectura:

- *¿Qué intentaba enseñarme el autor?*
- *¿Qué detalles recuerdo?*
- *¿Cómo me han ayudado las fotografías y los pies de foto a comprender mejor el libro?*
- *Vuelvo a leer el libro y busco las palabras del vocabulario.*
- *¿Qué preguntas me quedan?*

Actividades de extensión:

- *¿Cuál fue tu parte favorita del libro? Escribe un párrafo al respecto.*
- *Haz un dibujo de lo que más te gustó del libro.*

ÍNDICE

NO MIRES HACIA OTRO LADO

¿Te crees valiente? Descubre criaturas tan asquerosas, repugnantes y sorprendentes que no podrás apartar la vista. Contempla estos animales provistos con armas de muerte y destrucción, defensas repugnantes y crías que solo una madre podría amar.

Las lampreas de mar se adhieren a otros peces y a lo largo de varios meses los van matando lentamente.

Las lampreas de mar son como aspiradoras con dientes. Muerden y absorben la sangre y los jugos de las víctimas.

¡REE!

¡La Rareza Extrema y Épica (REE) existe en todas partes!

La araña cangrejo-estiércol de ave tiene un aspecto húmedo, como la caca fresca...

o un aspecto seco, como si llevara un tiempo ahí.

oruga gigante de cola de golondrina

Los depredadores también se hacen pasar por caca. El **camuflaje** de la caca también ayuda a los impostores a emboscar a sus presas.

rana caca de pájaro

ESPECTÁCULO DE TERROR

Criaturas inquietantes viven bajo el agua, bajo tierra y en entornos extremos de todo tipo. Con su aspecto fantásticamente repugnante, ¡podrían protagonizar una película de monstruos!

Las algas forman un peinado viviente sobre la tortuga del río Mary.

Decorar con los muertos

Después de comer a su presa insecto, un bicho chatarra añade los sobrantes del **cadáver** a la pila de su lomo.

Hablando de estrellas, ¿qué pasaría si tuvieras una nariz con forma de estrella? El topo de nariz estrellada tiene básicamente una mano de 22 dedos pegada a su cara.

Los topos de nariz estrellada hacen un túnel bajo tierra, mediante el tacto y el olfato buscan presas en la oscuridad.

En la oscuridad

Los ciempiés de las cuevas se arrastran y reptan al amparo de la oscuridad.

Conoce a algunos amos de la baba. Las liebres de mar comen **algas** para hacer baba **tóxica.**

Las liebres de mar lanzan nubes de tinta púrpura para escapar de los depredadores.

Los peces loro duermen dentro de una burbuja de sus propios mocos.

Grandeza babosa

Los peces bruja hacen baldes de baba. En 2017, un camión lleno de peces bruja vivos se estrelló, cubriendo la carretera y los autos de baba espesa y peces resbalosos.

CENA ASQUEROSA

¿Qué animal es un Chef Monstruoso? Las arañas camello cortan y rebanan la carne, la ahogan con jugos digestivos y luego sorben la sopa.

Las arañas camello o escorpiones del viento, utilizan sus enormes y poderosas mandíbulas para serrar a sus presas.

Las arañas camello comen insectos, roedores y lagartijas, no personas.

¿Tienes antojo de una comida caliente? A las cucarachas de las cuevas les encanta darse un festín con montones de **guano** de murciélago. Si un cadáver de murciélago cae en él, eso solo lo hace mejor.

Los animales carroñeros, como las cucarachas de las cuevas, limpian las sobras.

¡REE!

Imagínate esparcir tu caca para atraer escarabajos y comértelos, así hace el búho de madriguera. ¿Yumi?

Hay armas extrañas que ayudan a los animales a capturar su cena. El aye-aye golpea los árboles con su largo dedo medio y escucha a las **larvas** que hay adentro. Utiliza ese mismo dedo para llegar a lo profundo del árbol, enganchar y sacar a la larva. Toc, toc, ¡es un lémur espeluznante!

Los aye-ayes son lémures con dedos que parecen varas de pescar.

¡REE!

Para atraer a su presa, el pez rana peludo tiene una parte del cuerpo que sobresale de su frente. Parece un sabroso gusano que se retuerce.

SANGRE, VÍSCERAS Y UN OLOR ESPANTOSO

¡Las defensas de los animales pueden ser increíblemente asquerosas! Los pepinos de mar expulsan las tripas por sus traseros para ahuyentar a los depredadores. Después, les crecen nuevas.

pepino de mar

Para escapar de los depredadores, algunos lagartos cornudos lanzan chorros de sangre por sus ojos.

Algunos pepinos de mar bombardean a molestos depredadores con órganos pegajosos. A los pepinos de mar les crecen órganos nuevos en 2 o 3 semanas.

¿Quién tiene el trasero **bombardero** por excelencia? El líquido rociado por el escarabajo bombardero huele y sabe tan mal, que el sapo que intente comerlo volteará su estómago con tal de expulsar al escarabajo.

Los escarabajos bombarderos giran sus traseros para apuntar y disparar un ácido en aerosol.

Los polluelos de fulmar vomitan pescado apestoso y dañino a sus enemigos.

Otros animales también se defienden con su hedor. Las **zarigüeyas** defecan una **mucosa** verde súper olorosa. Los milpiés africanos gigantes producen un fuerte aerosol que sale de cada segmento de su cuerpo. ¡Sal de la habitación!

El tóxico y apestoso aerosol de los milpiés africanos ¡puede matar a un ratón!

zarigüeya

CRÍAS HORRIBLES

¿Estás preparado para más? Porque a continuación conoceremos a horribles crías de animales. Los escarabajos enterradores ponen sus huevos en ratones muertos. La madre escarabajo se come al ratón y luego lo vomita para alimentar a las larvas recién nacidas.

Si no hay suficiente comida para llevar, el escarabajo enterrador se come a sus propias larvas.

¡Gran REE!

El sapo de Surinam tiene un portaequipaje integrado. La madre sapo lleva sus huevos en el lomo y salen del cascarón de su piel.

Por supuesto, la caca aparece en esta historia de terror. Las moscas azules de botella ponen sus huevos en el estiércol, en cadáveres y en la basura. Después las larvas se comen sus apestosas aunque nutritivas casas.

Los científicos observan el estado de desarrollo de las larvas para ayudar a determinar cuánto tiempo lleva muerto un cuerpo en descomposición.

¿Qué opinas de todo este REE? Los animales pueden ser asquerosos y repugnantes, ¡pero aun así son increíbles!

¡Un giro en la historia!

Las larvas del escarabajo Epomis lucen sabrosas para las ranas. Sin embargo, éstas se aferran a la lengua de la rana y le inyectan una toxina que las paraliza.

GLOSARIO

algas: Plantas acuáticas que utilizan la luz solar para crecer y que son consumidas por muchos animales.

bombardero: Un experto en apuntar bombas y lanzarlas.

cadáver: Cuerpo muerto.

camuflaje: Coloración que ayuda a los animales a pasar desapercibidos o a fingir que son otra cosa.

guano: Excremento o caca de murciélago.

larvas: En los insectos, etapa de desarrollo entre el huevo y el adulto.

mucosa: Sustancia viscosa producida por animales y humanos.

paraliza: Que causa incapacidad para moverse.

tóxica: Dañina, con capacidad de enfermar o matar.

zarigüeyas: Animales nocturnos y peludos del tamaño de un gato.

ÍNDICE ANALÍTICO

SITIOS WEB (PÁGINAS EN INGLÉS):

https://animals.net/nature-is-gross-four-disgusting-habits-of-four-interesting-animals

https://onekindplanet.org/top-10/top-10-worlds-smelliest-animals

https://zoo.sandiegozoo.org/animals-plants

ACERCA DE LA AUTORA

Julie K. Lundgren

Julie K. Lundgren creció en la orilla norte del Lago Superior, un lugar con bosques, agua y aventura. Le encantan las abejas, las libélulas, los árboles viejos y la ciencia. Ella tiene un lugar especial en su corazón para los animales repugnantes pero geniales. Sus intereses la llevaron a obtener una licenciatura en Biología y una permanente curiosidad por los lugares salvajes.

Crabtree Publishing

crabtreebooks.com 800-387-7650

Produced by: Blue Door Education for Crabtree Publishing
Written by: Julie K. Lundgren
Designed by: Jennifer Dydyk
Edited by: Tracy Nelson Maurer
Proofreader: Crystal Sikkens
Translation to Spanish: Santiago Ochoa
Spanish-lang layout and proofread: Base Tres
Production manager: Candice Campbell

Hardcover	978-1-0396-1285-3
Paperback	978-1-0396-1291-4
Ebook (pdf)	978-1-0396-1297-6
Epub	978-1-0396-1303-4
Read-along	978-1-0396-1309-6
Audio book	978-1-0396-1315-7

Impreso en los Estados Unidos/CP052026

Library and Archives Canada Cataloguing in Publication

Title: Animales asquerosos / Julie K. Lundgren ; traducción de Santiago Ochoa.
Other titles: Gross and disgusting animals. Spanish
Names: Lundgren, Julie K., author. | Ochoa, Santiago, translator.
Description: Series statement: Cosas asquerosas | Translation of: Gross and disgusting animals. | Includes index. | "Un libro de las ramas de Crabtree". | Text in Spanish.
Identifiers: Canadiana (print) 20210283556 | Canadiana (ebook) 20210283564 | ISBN 9781039612853 (hardcover) | ISBN 9781039612914 (softcover) | ISBN 9781039612976 (HTML) | ISBN 9781039613034 (EPUB) | ISBN 9781039613096 (read-along ebook)
Subjects: LCSH: Animals—Juvenile literature. | LCSH: Animals—Miscellanea—Juvenile literature. | LCSH: Zoology—Juvenile literature. | LCSH: Zoology—Miscellanea—Juvenile literature.
Classification: LCC QL49 .L8618 2022 | DDC j590—dc23

Published in Canada
Crabtree Publishing
616 Welland Avenue
St. Catharines, Ontario
L2M 5V6

Published in the United States
Crabtree Publishing
347 Fifth Avenue
Suite 1402-145
New York, NY 10016

Photographs: Cover photo © Laura Dts, cover splat art on cover and throughout © SpicyTruffel, page 4 © Nicolas Primola, page 5 (top) © Gena Melendrez, (bottom) © Olga_Serova, page 6 (top) © Pong Wira, (bottom) © Alen thien, page 7 (top) © Brian Magnier, (bottom) © Rosa Jay, page 8 © Rob D the Baker, page 9 © SIMON SHIM, page 10 (top) © VetraKori, (bottom) © Agnieszka Bacal, page 11 © CPbackpacker, page 12 (top) © scubaluna, page 13 (bottom) © Liliya Butenko, page 14 and page 15 (top © Dr.MYM, page 15 (bottom) © Ondrej Michalek, page 16 © lanaid12, page 17 (top) © Maximillian cabinet, (bottom) © Don Mammoser, page 18 © Dan Tiego, page 19 © Jack PhotoWarp, page 20 © Richard Whitcombe, page 21 (top) © Milan Zygmunt, illustration © Sergey Mikhaylov, (bottom photo) © Ethan Daniels, page 22 photo © THE PICTURE RESEARCHER, slime illustration © Arcady, page 23 (top) photo © By KASIRA SUDA, illustration inside inset © Blue Door Education, SPLAT illustration © ByeByeSSTK, (bottom) photo © Nick Pecker, page 24 photo © Wandel Guides, illustration © ianlusung, page 25 © Lisa Hagan, opossum illustration © Bistraffic, poop illustration © Arcady, page 26 © Tobyphotos, page 27 (top) © Dan Olsen, (bottom) © Jason Patrick Ross, page 28 (top) © Avaniks, (center) © Be Shearer, (bottom) © Ton Bangkeaw. All images from Shutterstock.com except page12 parrotfish © Igor Cristino Silva Cruz (Wikipedia) https://creativecommons.org/licenses/by-sa/4.0/deed.en, page 13 Scientists photo courtesy of NOAA, page 29 © Wizen G, Gasith A https://creativecommons.org/licenses/by/3.0/deed.en

Library of Congress Cataloging-in-Publication Data

Names: Lundgren, Julie K., author.
Title: Animales asquerosos / Julie K. Lundgren ; traducción de Santiago Ochoa.
Other titles: Gross and disgusting animals. Spanish
Description: New York : Crabtree Publishing, [2022] | Series: Cosas asquerosas - un libro de las ramas de Crabtree | Includes index.
Identifiers: LCCN 2021036954 (print) | LCCN 2021036955 (ebook) | ISBN 9781039612853 (hardcover) | ISBN 9781039612914 (paperback) | ISBN 9781039612976 (ebook) | ISBN 9781039613034 (epub) | ISBN 9781039613096
Subjects: LCSH: Predatory animals--Juvenile literature. | Animal behavior--Juvenile literature.
Classification: LCC QL758 .L8618 2022 (print) | LCC QL758 (ebook) | DDC 591.5/3--dc23
LC record available at https://lccn.loc.gov/2021036954
LC ebook record available at https://lccn.loc.gov/2021036955